AF252705

EXPLICATION

DES

ECHELLES

POUR LES CALCULS

DE MARINE,

POUR SERVIR D'INTRODUCTION
aux Cartes Marines gravées
par ordre du Roy.

Par M. SAUVEUR Lecteur & Professeur
du Roy en Mathematique.

A PARIS,

M. DC. XCII.

AVEC PRIVILEGE DU ROY.

EXPLICATION

DES

ECHELLES

POUR LES CALCULS

DE MARINE,

POUR SERVIR D'INTRODUCTION AUX Cartes Marines gravées par ordre du Roy.

AVERTISSEMENT.

1. O N a eu deſſein de ramaſſer dans ces échelles tous les calculs qu'on eſt obligé de faire ſur mer, & on a cherché toutes les facilitez poſſibles, en obſervant en même tems toute l'exactitude neceſſaire, afin de les mettre à la tête du Recuëil des Cartes marines, que le Roy a commandé qu'on fiſt graver.

2. Chaque échelle a pluſieurs lignes, dont les unes ſont apellées *les premieres*, les autres *les fecondes, troiſiémes* &c. De plus dans chaque ligne nous apellerons *le*

A

haut ou *partie superieure* celle qui selon la situation des chifres est en haut ; & nous apellerons *le bas* ou *partie inferieure* celle qui est en bas.

3. Dans chaque operation qui sert à resoudre un Problême, il y a plusieurs parties : dans la premiere on regle l'ouverture du compas, & dans les autres il faut toûjours conserver cette ouverture.

4. On apelle *pointe superieure* du compas celle qui s'aplique vers le haut de la ligne, & *pointe inferieure* celle qui s'aplique vers le bas. On apelle encore *premiere pointe*, celle qui a esté posée la premiere, & *seconde pointe*, celle qui a esté posée la seconde.

5. Quand l'operation oblige de mettre les deux pointes du compas sur une même ligne graduée, on les peut mettre sur le même côté ou sur different côté de cette ligne ; alors il faut observer la même disposition dans le reste de l'operation : & si l'on est obligé de mettre les 2. pointes du compas sur 2. lignes differentes, il faut voir comment on les a mises au commencement de l'operation, parce qu'il faut conserver la même disposition dans le reste de l'operation. Enfin si la premiere pointe du compas est d'abord la superieure ou l'inferieure, il faut qu'elle la soit de même dans la suite, à moins qu'on n'avertisse du contraire.

6. Dans les échelles qui regardent les divisions de l'année, il faut se souvenir que l'on n'entre dans la nouvelle année que le 1. Mars, & que Janvier & Fevrier apartiennent à l'année precedente, afin d'éviter l'embarras que le jour ajoûté à la fin de Fevrier fait dans les années bissext.

A l'égard de l'exactitude des divisions, on a eu soin de faire les calculs exacts, l'Autheur de la connoissance des tems a fait ceux de la III. échelle, on a verifié les autres , & on a pris un des plus habiles de ceux qui divisent les instrumens de Mathematique , pour faire les divisions, & on a pris garde que ceux qui ont gravé ces échelles, n'aient alteré ces divisions.

Ceux qui ont les Mathematiques familieres trouveront aisément les demonstrations de ces échelles, en considerant que 1. l'on a cherché année par année *les Lettres Dominicales* & *les Festes mobiles* selon les regles du Calendrier. 2. Dans *les Lunaisons*, dans *les Marées* & dans *les Epactes*, on a suivi le mouvement moyen de la Lune qui s'éloigne peu du veritable, & dont le calcul est sans comparaison plus exact qu'en se servant des Epactes ordinaires. 3. l'Autheur de la connoissance des temps a calculé *la declinaison du Soleil* pour les années 1692. & 1700. & l'on a disposé les jours de l'année selon la declinaison que le Soleil a dans ces jours, chacun desquels est divisé en 4. afin que chaque division serve pour les années bissextiles & pour les suivantes. Ces echelles servent jusqu'à l'année 1750. parce qu'on a pû le faire sans confusion : enfin les echelles qui regardent le mouvement de la Lune & du Soleil, ont esté calculées pour le meridien de Paris. La difference de ce meridien aux autres meridiens des costes de l'Europe sur l'Ocean est peu considerable pour les Marins, puisque la difference au meridien de Brest n'est que $\frac{1}{7}$ de minute pour la declinaison du Soleil, lorsqu'elle change le plus, & d'une minute de temps pour le retardement des Marées ; & la difference au meridien qui passe par le Cap de Finisterre ou à l'Ouest de l'Irlande est au plus de $\frac{1}{7}$ de minute pour la plus grande declinaison du Soleil, & 1 $\frac{1}{2}$ minute d'heure pour le retardement des Marées. 4. La V. echelle n'est autre chose que les latitudes croissantes ordinaires, dans laquelle les 4. lignes des *latitudes* ont les divisions doubles de celles des *latitudes moyennes*, & la derniere ligne des *differences feintes des latitudes* est divisée en parties égales au premier degré des latitudes. 5. Les lignes de la VI. & VII. échelle sont divisées dans la proportion des logarithmes des Nombres, des Sinus & des Tangentes dont l'usage est si connu chez les Anglois. 7. Les divisions des lignes de la VIII. échelle sont aisées à imaginer estant en parties egales. Elles supposent seulement qu'un degré contient 60. milles d'Italie, 20. lieuës de France, 17 ½ d'Espagne & 15. d'Allemagne; l'on a donné à ces lignes 11. pouces 4. lignes, qui est la longueur du Pendule dont nous expliquerons cy-aprés l'usage. Cette longueur suppose que celle du Pendule simple à secondes est de trois pieds, huit lignes & demie, & que pendant une seconde le bruit parcourt 180. toises. 7. Dans la IX. échelle, la troisiéme ligne qui marque les minutes pour la correction des hauteurs, est divisée en parties égales; ces mêmes minutes marquent la distance de l'observateur à l'horison de la mer, c'est à dire au point de la mer le plus éloigné qu'il puisse voir. Cette distance marquée en minutes d'un grand cercle de la terre est sensiblement égale à l'abbaissement de l'horison sensible au dessous du veritable.

La premiere & la 2. ligne mesurent en pieds & en toises la hauteur dans laquelle on doit estre au dessus de la surface de la mer, afin que l'horison sensible baisse d'une quantité marquée dans la 3. ligne; & ces divisions supposent que le diametre de la terre est de 6538994. toises, & que dans les petits arcs les differences des secantes au rayon croissent dans la proportion des quarrez des arcs. La 4. ligne qui marque la hauteur apparente des Astres, est prise des Tables Astronomiques de Monsieur de la Hire.

I. ECHELLE

Pour trouver les jours de la Semaine.

CETTE Echelle est composée de deux lignes. La premiere comprend *les mois & les années* avec leurs *Lettres Dominicales*, & elle sert à regler l'ouverture du compas. La seconde contient *les jours du mois & les jours de la semaine*, & elle sert à trouver le jour de la semaine, lorsque l'on sçait le jour du mois, ou à trouver le jour du mois, lorsque l'on sçait le jour de la semaine, & dans quelle partie du mois l'on est.

1 *Un jour d'un mois d'une année proposée étant donné* (22. Juillet 1692.) *trouver le jour de la semaine qui se rencontre dans le jour donné.*

1° Mettez la pointe inferieure du compas dans la premiere ligne sur le mois proposé (Juillet) & la superieure sur l'année proposée (1692.) ou bien au lieu de l'année proposée vous pouvez prendre une autre division qui ait la même Lettre Dominicale (E) 2° Transportez cette ouverture de compas sur la seconde ligne, en mettant la pointe inferieure sur le jour donné (22) la pointe superieure tombera sur le jour de la semaine (Mardy) que l'on cherche.

Remarquez que si l'année proposée (1728) est au dessous des mois, au lieu de la division de cette année il en faut prendre une autre au dessus des mois qui ait la même Lettre Dominicale (C)

2 *Si l'on propose le jour de la semaine* (Mardy) *dans un mois d'une année proposée* (Juillet 1692) *pour trouver le jour du mois,* faites comme cy-dessus, c'est à dire, 1° Mettez dans la premiere ligne la pointe inferieure sur le mois (Juillet) & la pointe superieure sur l'année (1692) ou sur une division qui ait la même Lettre Dominicale (E) 2° Mettez dans la seconde ligne la pointe superieure sur le jour de la semaine (Mardy) la pointe inferieure tombera sur l'un de plusieurs jours du mois (1. 8. 15. 22. 29.) ensuite sçachant à peu prés dans quelle partie du mois l'on est, l'on sçait lequel de ces jours il faut prendre.

A iij

II. ECHELLE

Pour trouver les Feftes Mobiles.

CETTE Echelle eft compofée de deux fortes de lignes. Les premieres qui reglent l'ouverture du compas, ont une Etoile, & contiennent *les années*, dans lefquelles B marque *les Biffextiles*, & cette remarque ne fert que pour le mois de Février. La feconde contient d'un côté la divifion *des mois*, & de l'autre côté *les Feftes Mobiles*, on a mis de ce côté la divifion du mois de Février pour les années Biffextiles.

1. *Pour trouver dans quel jour d'une année propofée* [1692] *arrive une Fefte Mobile propofée* [Pafques]

Choififfez la ligne où eft l'année propofée [1692.] & 1º Mettez une pointe du compas fur l'Etoile, & l'autre pointe fur l'année (1692) 2º Portez cette ouverture de compas fur la feconde ligne en mettant la pointe inferieure fur la Fefte propofée [Pafques] la pointe fuperieure tombera fur le [6. Avril] jour où la Fefte fe rencontre.

III. ECHELLE

Pour trouver les Lunaifons & l'heure de la Marée.

CETTE Echelle eft compofée de trois fortes de lignes. Les premieres contiennent *les années & les heures des Marées aux nouvelles & pleines Lunes*; elles fervent à regler l'ouverture du compas. Il faut remarquer que dans ces lignes il y a des années avec des Etoiles, & d'autres fans Etoile. De plus on a marqué 12 heures fans Etoile, avec une & avec 2. Etoiles.

Sur la troifiéme de ces lignes l'on a ajouté la ligne *des Epactes*, dans lefquelles celles qui ont des étoiles font pour les années qui ont des étoiles. Si l'on prend ces Epactes pour les jours qui marquent l'âge de la Lune, & fi on les compare avec les heures des Marées qui font à côté, ces heures marqueront le retardement des Marées pour chaque jour de la Lune. L'on peut fe paffer de ces Epactes dans ce Calendrier.

Les secondes lignes contiennent les divisions des 12. *mois de l'année*, dans lesquelles chaque jour doit être supposé divisé en 24. heures.

Les troisiémes qui accompagnent les secondes, contiennent *les Lunaisons* divisées en 24. heures de 12. en 12. Ces heures serviront à marquer l'heure des Marées : les marques des Lunaisons sont ● nouvelle Lune ou conjonction, ☽ Croissant ou premier quartier, ☉ pleine Lune ou opposition, ☾ Decours ou dernier quartier.

1 *Pour trouver une Lunaison* (la nouvelle Lune) *d'un mois dans une année proposée* [Juillet 1692.]

1° Choisissez celle des premieres lignes qui contient l'année proposée (1692) & considerez si cette année a une étoile ou non : si l'année a une étoile, mettez une pointe du compas sur l'année proposée, & l'autre pointe sur le 12. qui a aussi une étoile ; si l'année proposée [1691] n'a point d'étoile, mettez une pointe sur cette année [1692] & l'autre pointe sur le 12. qui n'a point d'étoile. 2° Portez cette ouverture de compas dans la seconde & troisiéme ligne en mettant la pointe superieure sur une des marques de la Lunaison proposée (● nouvelle Lune) en sorte que la pointe inferieure tombe dans le mois proposé [Juillet] alors elle marquera le jour & même l'heure [13. Juillet à cinq heures du soir] dans laquelle arrive la Lunaison proposée selon le mouvement moyen de la Lune.

Remarquez que si l'année proposée (1693) a une étoile, aprés avoir mis une pointe du compas sur cette année, l'on peut mettre l'autre pointe sur le 12. qui a deux étoiles : mais alors dans la troisiéme ligne il faut mettre la pointe inferieure du compas sur la Lunaison proposée, & la pointe superieure marquera le jour & l'heure de la Lunaison.

2. *Pour trouver l'heure de la Marée.*

Estant donné l'heure de la Marée à la nouvelle & pleine Lune dans un Port [à **Brest** à 3 ¾ heures] *trouver l'heure de la Marée dans un jour donné d'une année proposée* [le 7. de Juillet 1692.]

1° Choisissez la ligne dans laquelle est l'année proposée [1691] mettez une pointe du compas sur cette année [1692] & l'autre pointe sur l'heure donnée (3 ¾) de la Marée aux nouvelles & pleines Lunes. 2° Portez cette ouverture de compas sur les fecondes & troifiémes lignes en mettant la pointe inferieure fur le jour propofé [7. Juillet] la pointe fuperieure marquera fur la troifiéme ligne l'heure de la Marée [10. heures $\frac{1}{4}$] pour le jour propofé.

Pour avoir plus exactement l'heure de la Marée, il faut avoir égard aux années qui ont des étoiles, & à celles qui n'en ont point ; de plus il faut fuppofer, comme nous avons dit, que chaque jour du mois eft divifé en 24. heures, & chaque heure de la Marée en quatre quarts d'heure : ce qui fe peut aifement eftimer dans la precifion dont on a befoin.

Si l'année propofée [1692] n'a point d'étoile, aprés avoir pris comme cy-deffus la diftance de l'année & de l'heure [3 $\frac{1}{4}$] de la Marée, & avoir porté la pointe inferieure fur le jour du mois [7. Juillet] il faut voir fi la pointe fuperieure tombera aprés la pleine Lune, ou aprés la nouvelle Lune ; car la pleine Lune marquant minuit, fi elle tombe aprés, elle indiquera [10. heures $\frac{1}{4}$] les heures du matin ; & la nouvelle Lune marquant midy, fi la pointe fuperieure tombe aprés, elle indiquera les heures du foir. Enfuite mettez la pointe inferieure du compas fur la même heure eftimée dans la divifion du jour [7. Juillet] la pointe fuperieure marquera (10. heures $\frac{1}{4}$) la veritable heure de la Marée. Enfin fi l'on avance ou fi l'on recule la pointe inferieure de 12. heures, l'on aura l'heure de la Marée fuivante ou precedente.

Si l'année propofée a une étoile, il faut faire les mêmes operations, remarquant feulement qu'alors la nouvelle Lune marque minuit, & la pleine Lune midy.

3. *Pour fçavoir l'Epacte d'une année propofée* (1692)

1° Mettez une pointe du compas fur l'année propofée [1692] & l'autre pointe fur le 12. qui n'a point d'étoile. 2° Mettez la pointe inferieure au bas de la ligne des Epactes, la pointe fuperieure tombera fur l'Epacte (12 $\frac{1}{4}$) de l'année propofée, où il faut remarquer que fi l'année propofée a une étoile, il faut prendre les Epactes qui ont des Etoiles.

Remarquez 1° que ces Epactes font aftronomiques qui different quelquefois des civiles ou ordinaires, & en ce cas il les faut preferer aux civiles, étant plus exactes. 2° que dans l'ufage ordinaire de ces Epactes pour le calcul il faut ofter un jour.

4. P ouf

4. *Pour trouver l'heure par l'ombre de la Lune sur un Cadran Solaire, dans un jour donné d'une année proposée* [22. Juillet 1692]

Il faut avoir un Cadran qui marque les heures par un axe ou une partie d'axe, c'est à dire par une ligne parallele à l'axe du monde, comme sont les horisontaux, soit qu'ils soient fixes, soit qu'ils se mettent en place par une aiguille aimantée; les Cadrans contre les murs peuvent servir à cet usage, de même que les Cadrans sur des globes. 1º Voyez quelle heure marque l'ombre de la Lune [je supose que ce soit 3 ¾] 2º Mettez une pointe du compas sur l'année proposée [1692] & l'autre pointe sur l'heure [3 ¼ heures] que marque l'ombre de la Lune. 3º Portez cette ouverture sur les secondes & troisiémes lignes, en mettant la pointe inferieure sur le jour proposé (22. Juillet) la pointe superieure marquera l'heure [10. heures & demie du soir] qui n'est pas tout-à-fait juste. 4º Pour l'avoir plus precisément, avancez la pointe inferieure sur l'heure que l'on vient de trouver [10. heures & demie] en suposant le jour divisé en 24. heures, la pointe superieure donnera la veritable heure [11. heures demy quart.]

IV. ECHELLE

Pour trouver la declinaison du Soleil.

CETTE Echelle est composée de 9. lignes & de deux petites échelles qui sont au bas avec des transversales.

Les quatre premieres lignes marquent les jours de l'année 169 . & assez precisément ceux de 1696. qui sont bissextiles, elles servent aussi pour les autres années depuis 1692 jusques à 1699.

Dans ces quatre lignes il faut remarquer 1º que l'année commence au premier Mars dans l'endroit où la quatriéme ligne est interrompuë ; 2º que dans les jours des deux premieres lignes la declinaison du Soleil est vers *le Nord* , & dans les deux autres vers *le Sud* , 3º chaque jour est divisé ou doit estre suposé divisé en 4. quarts.

Les quatre dernieres lignes servent pour les années 1700 & 1704. & en se servant des corrections dont nous parlerons cy-aprés,elles fervent pour les autres années depuis 1700.jufqu'à 1750.

La cinquiéme ligne ou celle du milieu qui eft divifée en parties égales, marque *les degrez de la declinaifon du Soleil avec les minutes de 5. en 5.* par les divifions des degrez l'on a tiré des tranfverfales qui coupent les lignes des jours de l'année dans des points qui marquent la declinaifon du Soleil en degrez entiers.

La premiere petite échelle marque un degré de declinaifon divifé en minutes, & la feconde marque les corrections qu'il faut faire pour trouver la declinaifon du Soleil pour les années aprés 1700.

1. *Trouver la declinaifon du Soleil pour un jour propofé* [30. Aouft] *de l'année biffextile* 1692. *ou* 1696.

1° Cherchez dans l'une des quatre premieres lignes le jour propofé (30. Aouft) 2° confiderez à quel degré appartient la tranfverfale qui eft immediatement deffous, elle marquera en degrez la declinaifon (8. ^{d}) du Soleil. 3° Prenez la diftance de la divifion du jour propofé [30. Aouft] à la tranfverfale qui eft immediatement au deffous, & portez cette diftance fur la cinquiéme ligne en mettant la pointe inferieure fur une divifion de degrez (8.) la pointe fuperieure tombera fur une divifion de minutes [37] de forte que l'on connoîtra la declinaifon du Soleil [8 ^{deg} 37 ^{m}] pour le jour propofé à midy.

Pour eftimer plus feurement les minutes de la declinaifon du Soleil, aprés avoir pris la diftance du jour propofé (30 Aouft) à la tranfverfale qui eft immediatement deffous, il faut porter cette ouverture de compas fur la ligne inferieure de la premiere petite échelle, en mettant la pointe inferieure fur l'un des points 1. 2. 3. 4. 5 &c. & la fuperieure fur la même parallele, fur laquelle eft l'inferieure, la tranfportant d'une parallele à l'autre jufqu'à ce que la fuperieure rencontre une oblique , & alors la pointe fuperieure marquera par l'oblique les dixaines des minutes (30) & la pointe inferieure les unitez (7)

2. *Pour trouver la declinaifon du Soleil pour un jour propofé* [6. Avril] *de l'année* 1693. *ou* 1697. *qui font les premieres aprés les biffextiles.* Au lieu de prendre la divifion du jour où eft le chiffre, il faut prendre le quart qui eft immediatement devant, & chercher comme cy-deffus la declinaifon [6. ^{d} 49 ^{m}] de cette divifion.

De même si l'année proposée est la seconde après la bissextile comme 1694. ou 1698. il faut prendre la seconde division
qui precede le jour ; & si c'est une troisiéme année après la
bissextile, il faut prendre la troisiéme division.

4. *Pour trouver la declinaison du Soleil depuis* 1 7 0 0. *jusqu'à*
1709. il faut se servir des quatre derniere lignes comme nous
avons fait cy-dessus à l'égard des quatre premieres.

5. *Pour trouver la declinai on du Soleil jusqu'à* 1750.
Il faut se servir de corrections par le moyen de la seconde
petite échelle, de cette maniere. —

1.º Si l'année proposée [1724] est bissextile, prenez l'oblique
où est marqué *annees bissextiles*, sur laquelle est la division de
l'année proposée [1724] portez l'intervale de cette division à
la ligne parallele marquée d'une étoile, sur la ligne graduée
de la petite échelle, mettant la pointe inferieure sur l'étoile,
la pointe superieure marquera la division [¼] qu'il faut prendre aprés celle où est le chifre du jour proposé. Ensuite l'on
aura la declinaison de cette division comme cy-dessus.

Si l'année proposée est la premiere, la seconde ou la troisiéme aprés la bissextile, il faut prendre l'intersection de l'oblique de la premiere, seconde ou troisiéme année, & de la parallele qui répond à la bissextile qui a precedé, il faut voir à
quel point de la ligne graduée répond cette intersection, &
prendre un semblable dans la division des jours de l'année.

V. ECHELLE

Pour trouver la latitude moyenne.

CETTE Echelle contient trois sortes de lignes.
Les deux premieres servent à prendre *les latitudes moyennes*, & elles reglent l'ouverture du compas.

Les quatre secondes sont les lignes *des latitudes* sur lesquelles on applique l'ouverture du compas.

La derniere sert à trouver *les differences feintes des latitudes*,
qui seront d'usage aux Problêmes du Pilotage.

Toutes les parties de cette échelle sont divisées en six, c'est à dire de 10. en 10. minutes, & il est aisé d'estimer les minutes dans chacune de ces parties.

1. *Pour trouver la latitude moyenne entre deux latitudes proposées* [44. & 49. degrez]

1° Choisissez celle des 2. premieres lignes *des latitudes moyennes* où vous trouverez les 2. latitudes proposées [44 & 49] mettez une pointe du compas sur l'une des latitudes [44] & l'autre pointe sur la seconde latitude (49.) 2° Portez cette ouverture de compas sur l'une des quatre lignes *des latitudes*, en mettant une pointe sur l'une des latitudes données (44) & l'autre pointe vers l'autre latitude proposée (49) cette pointe tombera sur la latitude moyenne (46 ^{d} 32. ^{m}) entre les deux proposées (44 & 49) c'est à dire, elle marquera le point (46 ^{d} 32 ^{m}) par où passe la parallele qui est moyenne entre les paralleles qui passent par les latitudes proposées (44 & 49)

2. *Pour trouver la différence feinte de deux latitudes proposées* (44 & 49)

1° Choisissez celle des quatre lignes *des latitudes* où sont les latitudes proposées (44 & 49) & prenez l'intervalle de ces deux latitudes. 2° Portez cette intervalle sur la ligne *des differences feintes des latitudes*, en mettant la pointe inferieure sur o, la pointe superieure tombera sur la difference feinte (7. d. 16 ^{m}) que l'on cherche.

Remarquez que nous apellons 7 ^{d} 16. ^{m} difference feinte entre 44 ^{d} & 49 ^{d} parce que la veritable est 5. ^{d}

3. *Une différence feinte de latitude (7 ^{d} 16 ^{m}) étant donnée aprés ou devant une latitude donnée (44) trouver la seconde latitude entre laquelle & la proposée (44) elle est la différence feinte, ou bien trouver la vraye différence.*

1° Prenez dans la ligne *des differences feintes des latitudes* l'intervalle depuis o jusqu'à la difference feinte donnée (7 ^{d} 16 ^{m}) 2° Portez cet intervalle sur l'une des lignes *des latitudes*, mettant une pointe du compas sur la latitude proposée (44) & l'autre pointe au dessus, elle vous donnera la latitude (49 ^{d}) qui sert lorsque l'on gagne en latitude, & alors la vraye difference est (5 ^{d}) & si vous mettez la pointe au dessous, elle vous donnera la latitude (38 ^{d} 32 ^{m}) qui sert lorsque l'on perd en latitude, & alors la vraye différence est (5 ^{d} 28 ^{m})

VI. ECHELLE.

Pour refoudre les Problémes du Pilotage, & pour trouver les Amplitudes.

CETTE Echelle eft compofée de trois lignes, qui fervent toutes trois pour refoudre *les Problémes du Pilotage*, & celle du milieu en particulier pour trouver *les Amplitudes*.

Si l'on confidere ces lignes par raport aux Problêmes du Pilotage.

La premiere marquera les degrez & minutes, ou fimplement les minutes de grands cercles, tant pour marquer la quantité de *la route d'un Vaiffeau*, que *la difference en latitude & le chemin d'Eft-Oueft*. Cette ligne a fa moitié inferieure divifée en 9. unitez, dont chacune eft fubdivifée en 10. parties. C'eft pourquoy fi ces unitez marquent des degrez, chaque divifion marquera fix minutes; & fi ces unitez marquent des minutes, chaque divifion marquera fix fecondes. Enfin fi chaque unité marque des lieuës, chaque divifion marquera $\frac{1}{10}$. de lieuë. La moitié fuperieure de cette même ligne eft divifée de 5. en 5. & fubdivifée par unitez, de forte que chaque divifion particuliere marque des degrez qu'il faut eftimer comme divifez en 60.$^{m.}$ ou bien marque des minutes ou des lieuës qu'il faut eftimer comme divifées dans leurs parties.

On peut changer la valeur des nombres marquez dans cette ligne, en ajoûtant ou retranchant des zero aux chiffres qui y font; & alors 1° Si on ajoûte un zero, les unitez deviennent des dixaines qui feront alors fubdivifées en unitez. De plus les dixaines deviendront des centaines qui feront de même fubdivifées en dixaines, dans lefquelles il faudra eftimer les unitez. 2° Si on ajoûte deux zero, les unitez deviennent des centaines & les dixaines des milles. 3° Si l'on ofte un zero, c'eft à dire fi l'on divife par 10 il faudra alors confiderer les dixaines comme fi elles n'eftoient que des unitez, & les unitez comme des dixiémes parties d'unitez. 4° L'on peut doubler ou tripler les nombres propofez. Il faut bien prendre garde à ces remarques pour éviter la trop grande ouverture du compas.

La troifiéme ligne eft precifément la même que la premiere

dans un ordre renversé, & elle est destinée principalement pour trouver *les degreʒ & les minutes de longitude* dans les cercles paralleles à l'Equateur.

La seconde est divisée en 90. degrez, marquez d'un costé dans l'ordre naturel pour les *Rhumbs*, qui serviront à trouver *le chemin d'Est-Ouest* ; ou pour marquer *la declinaison & l'amplitude d'un Astre*. De l'autre costé les degrez sont dans un ordre retrograde pour marquer *les Rhumbs* qui servent à trouver *la difference en latitude*, & pour *les latitudes*.

Si l'on a égard au premier costé, les degrez jusqu'à 20.ᵈ sont subdivisez en six, c'est à dire de 10ᵐ en 10ᵐ Depuis 20ᵈ jusqu'à 30ᵈ en 4.ou de 15. en 15.ᵐ Depuis 30ᵈ jusqu'à 80ᵈ de degré en degré ; & depuis 80ᵈ jusqu'à 90ᵈ de 5.en 5. degrez.

I.

Problémes Preliminaires du Pilotage.

LES trois Problemes suivans se resolvent plus facilement par la VIII. échelle.

1. *POUR reduire les degreʒ d'un grand cercle en licuës.*

Il faut se servir de la premiere ligne, laquelle marquera indifferemment les lieuës & les degrez avec les minutes ou les minutes sans degrez. Mais il faut remarquer que si l'une des pointes du compas soit l'inferieure ou la superieure marque une fois des lieuës & l'autre pointe des degrez ou minutes, dans la suite de l'operation, ces mêmes pointes marqueront les mêmes choses. Deplus, si pour trouver un nombre de lieuës ou de degrez, il faut ajoûter ou retrancher un zero d'un nombre où s'applique l'une de ces pointes, dans la suite de l'operation, il faut faire la même chose.

Supposons qu'il faille reduire 3.ᵈ 20ᵐ d'un grand cercle en lieuës marines d'un certain pays (de France.) 1º Il faut sçavoir combien un degré vaut de lieuës de ce pays (20.)& mettre la premiere pointe sur 1. & la seconde sur la quantité des lieuës (20.) mais pour eviter une trop grande ouverture de compas, pour cette pointe, il faut ajoûter un zero aux chifres, afin que les unitez deviennent des dixaines. 2º Il faut porter la premiere pointe sur le nombre des degrez proposez (3ᵈ 20.ᵐ) la seconde pointe donnera le nombre des lieuës (66 ⅔) que l'on cherche.

2. *Si l'on propose des minutes* (200.) *à reduire en lieuës* (de France) 1º Mettez la premiere pointe sur 60. minutes, & la seconde pointe sur la valeur (20.) d'un degré en lieuës. 2º Mettez la premiere pointe sur les minutes proposées (200.) la seconde pointe donnera les lieuës (66 ⅔) que l'on cherche.

3. *Pour reduire* 66 ⅔ *lieuës* (de France) *en degrez & minutes d'un grand cercle.* 1º Mettez la premiere pointe du compas sur un degré & la seconde sur sa valeur (20.) en lieuës (de France) 2º Mettez la seconde pointe sur le nombre proposé des lieuës 66 ⅔ la premiere pointe tombera sur le nombre (3 ^{d} 20 ^{m}) des degrez & minutes que l'on cherche.

Si l'on ne vouloit reduire les lieuës qu'en minutes seulement, il faudroit mettre d'abord la premiere pointe sur 60. minutes & achever comme cy-dessus.

4. *Pour connoistre combien un degré d'un parallele donné* (46 ^{d} 32 ^{m}) *vaut de lieuës d'un Päys* [de France]

1º Il faut sçavoir combien un degré de l'Equateur fait de lieuës de ce pays (20.) & mettre la pointe superieure du compas sur o, qui est au bout superieur de la seconde ligne & la pointe inferieure dans la premiere ligne sur la valeur (20.) d'un degré de l'Equateur. 2º portez la pointe superieure sur la latitude donnée [46. ^{d} 32. ^{m}] la pointe inferieure tombera sur [13 ¼] le nombre des lieuës que l'on cherche.

Autrement 1º mettez dans la seconde ligne du côté des latitudes la pointe superieure du compas sur o & la pointe inferieure sur la latitude donnée [46. ^{o} 32. ^{m}] 2º Portez cette ouverture sur la premiere ligne, mettant la pointe superieure sur la quantité des lieuës d'un degré de l'Equateur [20. lieuës] la pointe inferieure tombera comme cy-devant sur la valeur [13 ¼ lieuës] des lieuës d'un degré d'un parallele donné (46. ^{d} 32 ^{m})

5. *Pour sçavoir combien un nombre donné de degrez* (4 ^{d} 52 ^{m}) *d'un parallele aussi donné* (46 ^{d} 32 ^{m}) *valent de degrez de l'Equateur. Ou* (ce qui est la même chose) *combien un nombre de degrez de longitude* [4 ^{d} 52 ^{m}] *d'un parallele* (46 ^{d} 32 ^{m}] *fait de degrez & de minutes pour le chemin d'Est-Ouest.*

Mettez la pointe superieure du compas sur o de la seconde ligne pour *les latitudes*, & la pointe inferieure dans la premiere ligne sur le nombre des degrez proposez [4. ^{d} 52. ^{m}] Achevez le probléme comme le precedent; Vous trouverez en degrez de l'E.

quateur, ou en chemin d'Eſt-Oueſt [3 ᵈ 20 ᵐ·] la valeur des degrez en longitude (4. ᵈ 52. ᵐ·) ſur le parallele propoſé [46. ᵈ 32. ᵐ·]

6. Il faut faire la même choſe pour reduire les minutes ſeules (292.) d'un parallele propoſé (46 ᵈ 32 ᵐ·) en minutes (200) de l'r quateur, ou pour reduire les minutes ſeules (292) de longitude ſur un paralelle donné (46 ᵈ 32 ᵐ·) en (200) minutes du chemin d'Eſt-Oueſt.

7. *Pour reduire les degreȝ & les minutes* (3 ᵈ 20 ᵐ·) *de l'Equateur ou du chemin d'Eſt-Oueſt en degreȝ & minutes d'un paralelle propoſé* (46. ᵈ 32.) *ou de longitude.* Faites les inverſes des operations precedentes, c'eſt-à dire 1° mettez la pointe ſuperieure du compas dans la ſeconde ligne ſur la latitude (46. ᵈ 32. ᵐ·) & l'inferieure dans la . ligne ſur le chemin d'Eſt-Oueſt (3 ᵈ 20. ᵐ·) 2° Mettez la pointe ſuperieure ſur o. la pointe inferieure tombera ſur les degrez (46. 32 ᵐ·)

Ou bien au lieu de la premiere ligne il faut ſe ſervir de la troiſiéme. Enſuite 1° mettez la pointe ſuperieure ſur la diviſion o de la ſeconde ligne pour *les latitudes*, & la pointe inferieure ſur les degrez & minutes propoſées (3 ᵈ 20ᵐ·) dans la troiſiéme ligne. 2° Mettez la pointe ſuperieure ſur la latitude propoſée (46 ᵈ 32 ᵐ·) la pointe inferieure donnera les degrez en longitude (4. ᵈ 52 ᵐ·) ou les degrez du paralelle propoſé (46 ᵈ 32 ᵐ·)

Pour reduire des minutes ſeules ou des milles 200. de l'Equateur ou du chemin d'Eſt Oueſt, en degrez de longitude ſur un paralelle donné (46 ᵈ 32 ᵐ·) il faut faire la même choſe en mettant la ſeconde pointe ſur les minutes (200) aulieu des degrez (3. ᵈ 20. ᵐ·).

II.

Problémes du Pilotage.

DAns les problémes du Pilotage, il y a quatre choſes qui tombent en queſtion; ſçavoir 1 la difference en latitude. 2. la difference en longitude. 3. le Rhumb. 4. la Route ou le chemin. Deux de ces choſes étans données, il s'agit de trouver les deux autres. Cequi fait ſix problémes differens.

Pour reſoudre ces problémes il faut 1. ſçavoir au moins la latitude du lieu du depart ou de l'arrivée. 2 pour la commodité, il faut toûjours reduire les lieuës de la route en degrez & minutes de l'Equateur, afin que la route, la difference en latitude

titude

titude & le chemin d'Eſt-Oueſt ſoient connus ſous des quantités de même eſpece, ſçavoir en degrez & minutes d'un grand cercle: on peut auſſi les reduire en minutes ſeules, ou en milles.

Pour reſoudre les premiers problémes 1. il ſe faut ſervir de la ſeconde & de la premiere ligne. Dans la ſeconde le point ſuperieur marque toûjours le point de la *route*. Les diviſions qui ſont vers la premiere ligne marquent *les Rhumbs* qui ſervent à trouver *le chemin d'Eſt-Oueſt*, & celles qui ſont vers la troiſiéme ligne ſervent à trouver *les differences en latitude*. Les Rhumbs ſont marqués en chifres Romains. La premiere ligne ſert à marquer la quantité *des degrez & minutes*, ou ſimplement *les minutes* ou les milles de grands cercles tant *de la route & de la difference en latitude*, que *du chemin d'Eſt-Oueſt*. 2. il faut avoir changé les degrez de longitude ou du paralelle moyen en degrez de grands cercles ou en chemin d'Eſt-Oueſt ; & reciproquement la reſolution de ces problémes ne donne que le chemin d'Eſt-Oueſt, ou des degrez de grands cercles, qu'il faut enſuite reduire en degrez de longitude à l'aide du paralelle moyen.

I. *Eſtant donné la route (6ᵈ 1ᵐ) & le Rhumb (III. ou 33ᵈ 45ᵐ) trouver la difference de latitude & le chemin d'Eſt Oueſt.*

1⁰ Mettez la pointe ſuperieure dans la ſeconde ligne au point de la route, & la pointe inferieure dans la premiere ligne ſur la quantité de la route donnée (6ᵈ 1ᵐ) 2⁰ Portez cette ouverture en mettant la pointe ſuperieure ſur le Rhumb donné (III. ou 33ᵈ 45ᵐ) pour la difference en latitude. La pointe inferieure tombera dans la 1. ligne ſur la quantité (5ᵈ) de la difference en latitude. 3⁰ Mettez la pointe ſuperieure ſur le Rhumb donné (III. ou 33ᵈ 45ᵐ) pour le chemin d'Eſt-Oueſt ; la pointe inferieure tombera ſur (3. 20ᵐ) la quantité du chemin d'Eſt-Oueſt, qu'il faudra reduire en degrez de longitude par la moyenne paralelle.

Si la route eût eſté donnée en minutes (361.) ou en milles, il auroit fallu faire la même choſe, excepté qu'il auroit fallu mettre la pointe inferieure ſur les minutes ou milles (61.) au lieu des degrez (6ᵈ 1ᵐ) & la reſolution du probléme auroit donné des minutes ou milles (300) au lieu des degrez (5ᵈ)

Remarquez que les problémes ſuivans ne ſont que les inverſes du precedent.

2. *Eſtant donné la route (6ᵈ 1ᵐ) & la difference en latitude (5. 0.) trouver le Rhumb & le chemin d'Eſt-Oueſt.*

C

1° Mettez la pointe fuperieure du compas fur le point de la Route, & la pointe inferieure fur la quantité de la route (6. ^d1m) 2° Portez la même ouverture en mettant la pointe inferieure fur la quantité (5.^d) de la difference en latitude, la pointe fuperieure donnera le Rhumb pour la difference en latitude (I I I. ou 33.^d 45.^m) 3° Mettez la pointe fuperieure fur le femblable point du Rhumb pour le chemin d'Eft-Oueft; la pointe inferieure donnera la quantité (3 ^d 20 ^m) du chemin d'Eft-Oueft.

3. Eftant donné le Rhumb (I I I. ou 33 ^d 45 ^m) & la difference en latitude (5 ^d) trouver la route & le chemin d'Eft-Oueft.

1° Mettez la pointe fuperieure du compas fur le point du Rhumb (I I I.) pour la difference en latitude, & la pointe inferieure fur la quantité de la difference en latitude (5.^d.) 2° Portez la pointe fuperieure fur le point de la route; la pointe inferieure donnera fa quantité (6 ^d 1 ^m) 3° Portez la pointe fuperieure fur le Rhumb pour le chemin d'Eft-Oueft, la pointe inferieure donnera la quantité du chemin d'Eft-Oueft (3 ^d 20 ^m)

4. Les differences en latitude (5 ^d) & en longitude (4 ^d 52 ^m) eftant donnez, & la latitude du depart (44) ou de l'arrivee (49) trouver le Rhumb & la route.

1° Trouvez la latitude moyenne (46 ^d 32 ^m) 2° à l'aide du paralelle moyen, reduifez la difference des degrez de longitude, (4 ^d 52 ^m) en degrez du chemin d'Eft-Oueft (3 ^d 20 m) 3 ° dans la premiere ligne mettez une pointe du compas fur la difference en latitude (5 ^d) & l'autre pointe fur le chemin d'Eft-Oueft (3 ^d 20 ^m) 4 ° Portez cette ouverture de compas fur la feconde ligne, & appliquez la de maniere qu'une des pointes tombant fur une divifion des Rhumbs de la difference en latitude, & l'autre fur une divifion du Rhumb de la difference du chemin d'Eft-Oueft, ces deux pointes tombent fur les femblables divifions [I I I. ou 33 ^d 45.^m] d'un côté & de l'autre de cette feconde ligne; elles marqueront alors deux Rhumbs [I I I. 33 ^d 45 ^m] ou [V. 56 ^d 15.^m] defquels il faut prendre le plus petit [I I I. 33 ^d 45 ^m] lorfque le chemin d'Eft-Oueft eft plus petit que la difference en latitude. Autrement 4° mettez la pointe fuperieure du compas fur 45 de la premiere ligne de la V I I. échelle, la feconde pointe tombera fur le Rhumb (I I I. ou V.) comme nous venons de trouver. 5 ° ayant le Rhumb, vous aurez comme cy-deffus la route [6.^d 1.]

Remarquez que l'on peut refoudre le probléme precedent & le fuivant en prenant la difference en longitude & la difference feinte en latitude de cette maniere.

1° Changez la difference de latitude [5ᵈ] des latitudes données [44 ᵈ & 49] en difference feinte de latitude [7ᵈ 16 ᵐ.] 2° Mettez la premiere pointe du compas dans la premiere ligne de la V I. échelle de *la latitude* [7ᵈ 16ᵐ] & la feconde pointe fur la difference en longitude [4ᵈ 52ᵐ] 3° Achevez le probléme comme cy-deffus au 4°

5. *La difference en longitude* (4. ᵈ 52ᵐ) *& le Rhumb* [I I I. ou 33ᵈ 45ᵐ.] *eftant donnez, avec la latitude du départ* [44. ᵈ] *trouver la difference en latitude & la Route.*

1° Mettez une pointe du compas dans la feconde ligne fur le Rhumb [III ou 33.ᵈ 45ᵐ] pour le chemin d'Eft-Oueft, & l'autre pointe dans la premiere ligne fur la quantité (4.ᵈ 52ᵐ) de la difference en longitude. 2° Portez la premiere pointe fur le même Rhumb (I I I. ou 33.ᵈ 45ᵐ) pour la difference en latitude, & l'autre pointe donnera la difference feinte en latitude (7ᵈ 16ᵐ) 3° Changez la difference feinte (7.ᵈ 16ᵐ.) en vraye difference (5ᵈ) de latitude. 4° vous trouverez comme cy deffus la Route (6ᵈ 1.ᵐ)

L'on peut encore refoudre ce probléme en fe fervant des premieres lignes de la VI. & VII échelle de cette forte. 1° Mettez dans la premiere ligne de la V I I échelle une pointe du compas fur 45. & l'autre pointe fur le Rhumb donné (I I I. ou 33ᵈ 45ᵐ) 2° Portez cette ouverture de compas dans la premiere ligne de la VII. échelle, & fi le Rhumb eft au deffus du IV. ou de 45ᵈ portez la feconde pointe au deffous; & fi le Rhumb (I I I. ou 33 ᵐ 45) eft plus petit, portez la feconde pointe au deffus, laquelle donnera (7ᵈ 16 ᵐ) la difference feinte en latitude. 3° Changez la difference feinte en vraye difference en latitude (5ᵈ) 4° Vous trouverez la route (6ᵈ 1ᵐ) comme cy-deffus.

Nous ne parlons point du fixiéme Probléme, parce qu'on ne le peut refoudre qu'en tatonnant, & qu'il n'eft point d'ufage.

III.

Pour trouver les Amplitudes.

LA declinaison (8ᵈ 37ᵐ) d'un Aſtre (du Soleil) & la latitude (49) étant données, trouver ſon amplitude.

1⁰ Mettez la pointe ſuperieure du compas ſur o de la ſecon‑ de ligne, & la pointe inferieure ſur la latitude donnée (49) 2⁰ Tranſportez la pointe inferieure ſur la declinaiſon donnée (8ᵈ 37ᵐ) la pointe ſuperieure marquera l'amplitude (13ᵈ 12ᵐ) que l'on cherche.

VII. ECHELLE.

Pour trouver l'heure du lever & du coucher du Soleil.

CETTE Echelle eſt compoſée de deux lignes. La premiere d'un coſté marque la declinaiſon du Soleil, & de l'autre coſté la latitude. Remarquez 1⁰ que le coſté de la declinaiſon du Soleil marque auſſi la latitude, lorſqu'elle eſt moindre que 45 ᵈ. 2⁰ Reciproquement le coſté de la latitude peut ſervir pour marquer la declinaiſon d'un Aſtre, lorſqu'elle eſt plus grande que 45. ᵈ, & dans ces cas il faut renverſer la ſitua‑ tion du compas, comme nous dirons cy‑aprés.

La ſeconde ligne marque les heures en chifres Romains, di‑ viſées en minutes: d'un coſté elle ſert pour le lever du Soleil en hyver, & *pour le coucher en eſté*; & de l'autre coſté, pour le lever du Soleil en eſté, & *le coucher en hyver*.

1. *Eſtant donné la latitude d'un lieu (49) & la declinaiſon du Soleil (8.ᵈ 37.ᵐ Nord, ou en eſté) trouver l'heure du lever & du coucher du Soleil.*

1⁰ Mettez la pointe ſuperieure du compas dans la ſeconde ligne ſur XII. & la pointe inferieure ſur la latitude donnée (49) dans la premiere. 2⁰ Tranſportez la pointe inferieure ſur la declinaiſon donnée (8ᵈ 37ᵐ) la pointe ſuperieure marquera (7. heures) l'heure du lever du Soleil [en eſté] & en même temps l'heure du coucher (5. heures)

Remarquez 1⁰ que ſi la latitude eſt moindre que 45. ᵈ il

la faut prendre fur le côſté de la declinaiſon du Soleil , mais
alors la pointe inferieure deviendra ſuperieure. 2° Pour avoir
avec plus de preciſion l'heure du lever & du coucher du Soleil,
il faudroit avoir égard à la declinaiſon qu'il a au matin &
au ſoir, & à l'effet de la refraction.

VIII. ECHELLE.

Pour trouver le raport des lieuës marines.

CETTE Echelle a quatre lignes. La premiere marque d'un
coſté ſix degrez d'un grand cercle, diviſez en minutes ;
chaque degré eſt de 57060. toiſes de Paris. De l'autre coſté la
même ligne marque les milles d'Italie à 60. par degré, & qui
ſont chacun de 951. toiſes.

La ſeconde ligne marque les lieuës de France & d'Angle-
terre, qui ſont à 20. par degré, ou de 3. minutes chacune, ou
de 2853. toiſes.

La troiſiéme marque les lieuës d'Eſpagne à 17 ½ par degré,
ou de 3261. toiſes chacune, ou dont 7. font 24 minutes.

La quatriéme marque les lieuës d'Allemagne à 15. par degré
ou de 4. minutes chacune, ou de 804. toiſes.

1. *Pour trouver combien un nombre de degrez & de minutes d'un
grand cercle ($3^d 20^m$) font de lieuës d'un Pays donné (de France.)*
1° Mettez la pointe inferieure dans la premiere ligne ſur
le nombre des degrez donnez ($3^d 20^m$) & l'autre pointe ſur la tranſ
verſale voiſine. 2° Portez la même ouverture ſur la ligne des lieuës
du Pays donné (de France) en mettant la pointe ſuperieure ſur
la même tranſverſale, la pointe inferieure tombera ſur le nombre
des lieuës cherché ($66 \frac{2}{3}$)

2. Il eſt enſuite facile de changer les lieuës de France en degrez & minutes, ou les lieuës d'un Pays en celles d'un autre.

3. *Pour trouver la diſtance d'un lieu à un autre par la lumiere & par le bruit du canon.* 1° Faites un Pendule ſimple,
c'eſt à dire prenez une bale à mouſquet, & l'attachez à un fil
dont l'autre bout ſoit paſſé par une fente faite dans un morceau de bois. Arreſtés ce fil à ce morceau de bois, en ſorte que

C iij

sa longueur prise depuis le centre de la bale jusqu'à la fente, soit égale à la longueur d'une des lignes de la VIII. Echelle, ou que cette longueur soit de 11. pouces, 4. lignes; cette machine sera nostre Pendule simple. 2° Au moment que vous apercevrez la lumiere d'un canon, mettez le Pendule en branfle, en forte que les vibrations ne paffent pas 30. degrez. 3° Comptez les vibrations qui se font depuis le moment que la lumiere a paru, jusqu'à celuy dans lequel on entend le bruit du même coup de canon. 4° Prenez autant de fois cent toifes que vous aurez conté de vibrations; vous aurez en toifes de Paris la diftance du lieu où vous eftes au lieu où l'on a tiré ce coup de canon; De forte que sept vibrations font un quart de lieuë de France, 14. font une demy-lieuë, & 28. une lieuë; De plus 9 $\frac{1}{2}$ vibrations font une minute d'un grand cercle, ou un quart de lieuë d'Allemagne. Enfin huit vibrations font un quart de lieuë d'Efpagne.

IX. ECHELLE.

Pour corriger les hauteurs apparentes du Soleil, ou d'une Etoile.

CETTE Echelle a quatre lignes. Les deux premieres marquent l'élevation dans laquelle l'on eft par deffus la mer; l'une la marque en pieds, & l'autre en toifes. Sur la troifiéme font les minutes qui marquent les corrections des hauteurs qu'il faut faire, tant à caufe des refractions, qu'à caufe de l'abaiffement de l'horizon de la mer au deffous du veritable horizon. La même marque auffi la diftance du lieu où l'on eft au bord de l'horizon de la mer que l'on voit. La quatriéme marque la hauteur aparente d'un Aftre, dans laquelle la refraction eft compliquée.

1. *Pour corriger une hauteur (10 ᵈ 37. ᵐ) obfervée fur mer de l'erreur que caufe l'abaiffement de l'horizon de la mer au deffous du veritable, lorfqu'on eft élevé au deffus de la mer d'une quantité donnée (18. pieds ou 3. toifes.)*

1° Prenez fur la premiere ou feconde ligne des hauteurs

par deſſus la mer, la quantité (18. pieds, ou 3 toiſes) dont vous eſtes élevé par deſſus la mer. 2º Regardez ſur la troiſiéme ligne des corrections pour les hauteurs, quelle diviſion (4 ¾ minutes) luy répond. 3º Si vous avez pris hauteur par devant, oſtez de la hauteur obſervée (10 d 37 m) cette quantité (4 ¼ minutes) le reſte ſera la hauteur (10 d 32 ¼ m) corrigée de l'erreur, que cauſe l'abaiſſement de l'horizon 4º Mais ſi vous avez pris hauteur par derriere, il faut adjoûter cette même quantité (4 ¾) vous aurez la hauteur auſſi corrigée (10 d. 41 ¼ m)

2. *Ayant une hauteur (10 d 32 ¼ m.) corrigée de l'erreur que cauſe l'abbaiſſement de l'horrizon, la corriger auſſi de l'erreur que cauſe la refraction.* 1º Prenez dans la quatriéme ligne des *hauteurs apparentes des Aſtres* la hauteur propoſée (10 d 32 ¼ m.) 2º Prenez dans la troiſiéme ligne des corrections des hauteurs, la diviſion (5 ½) qui luy répond. 3º Oſtez cette correction (5 ½ m) de la hauteur propoſée (10 d 32 ¼ m) le reſte donnera la hauteur (10 d 26 ¾ m) corrigée de ſa refraction.

3. *Pour ſçavoir à quelle diſtance eſt de vous le bord de l'horizon de la mer que vous voyez, lorſque vous eſtes élevé au deſſus de la ſurface de la mer d'une quantité donnée* (15. toiſes, ou 90. pieds.) 1º Prenez dans les deux premieres lignes la hauteur donnée (15. toiſes, ou 90. pieds.) 2º Prenez dans la troiſiéme ligne la diviſion (10 ⅓ m) qui luy répond; cette diviſion marquera en minutes ou en milles la diſtance du lieu où vous eſtes au bord de l'horizon. 3º Changez ces minutes ou ces milles en lieuës, vous aurez cette diſtance en lieuës.

4. *Pour ſçavoir à quelle diſtance l'on eſt d'un vaiſſeau, d'une tour, ou d'un autre objet, lorſque l'on ſçait à quelle hauteur* (15. toiſes) *l'on eſt par deſſus la ſurface de la mer, & à quelle hauteur* (20. toiſes) *eſt la partie de l'objet que l'horizon de la mer tranche.* 1º Prenez par le precedent Problême la diſtance (10 ⅓ m) dans laquelle vous eſtes de vôtre horizon ſenſible. 2º Prenez de même la diſtance (12. m) de l'objet élevé (de 20. toiſes) à ſon horizon ſenſible. 3º Ajoûtez enſemble ces deux diſtances (10 ⅓ & 12) la ſomme (22 ⅓) donnera en minutes ou en milles la diſtance dans laquelle

vous estes de cet objet. 4° Changez ces ($22\frac{1}{3}$) minutes ou milles en lieuës (de France) vous aurez cette distance en ($7\frac{1}{2}$) lieuës.

Remarquez que si l'objet estoit en deçà du bord de l'horizon de la mer, & qu'il en fust tranché dans une partie dont la hauteur fût connuë, au lieu d'ajoûter les deux distances, il faudroit oster l'une de l'autre, la difference donneroit l'eloignement de l'objet.

F I N.

DE L'IMPRIMERIE
de Loüis Sevestre, ruë des sept voyes.

www.ingramcontent.com/pod-product-compliance
Lightning Source LLC
LaVergne TN
LVHW051132060726
842526LV00006B/2013